BEI GRIN MACHT SICH IHR WISSEN BEZAHLT

- Wir veröffentlichen Ihre Hausarbeit,
  Bachelor- und Masterarbeit

- Ihr eigenes eBook und Buch -
  weltweit in allen wichtigen Shops

- Verdienen Sie an jedem Verkauf

Jetzt bei www.GRIN.com hochladen
und kostenlos publizieren

Thomas Linke

Unterrichtsstunde: Einführung linearer Funktionen

GRIN Verlag

Bibliografische Information der Deutschen Nationalbibliothek:

Die Deutsche Bibliothek verzeichnet diese Publikation in der Deutschen National-
bibliografie; detaillierte bibliografische Daten sind im Internet über http://dnb.d-
nb.de/ abrufbar.

Dieses Werk sowie alle darin enthaltenen einzelnen Beiträge und Abbildungen
sind urheberrechtlich geschützt. Jede Verwertung, die nicht ausdrücklich vom
Urheberrechtsschutz zugelassen ist, bedarf der vorherigen Zustimmung des Verla-
ges. Das gilt insbesondere für Vervielfältigungen, Bearbeitungen, Übersetzungen,
Mikroverfilmungen, Auswertungen durch Datenbanken und für die Einspeicherung
und Verarbeitung in elektronische Systeme. Alle Rechte, auch die des auszugsweisen
Nachdrucks, der fotomechanischen Wiedergabe (einschließlich Mikrokopie) sowie
der Auswertung durch Datenbanken oder ähnliche Einrichtungen, vorbehalten.

Impressum:

Copyright © 2013 GRIN Verlag GmbH
Druck und Bindung: Books on Demand GmbH, Norderstedt Germany
ISBN: 978-3-656-55459-2

Dieses Buch bei GRIN:

http://www.grin.com/de/e-book/211511/unterrichtsstunde-einfuehrung-linearer-
funktionen

GRIN - Your knowledge has value

Der GRIN Verlag publiziert seit 1998 wissenschaftliche Arbeiten von Studenten, Hochschullehrern und anderen Akademikern als eBook und gedrucktes Buch. Die Verlagswebsite www.grin.com ist die ideale Plattform zur Veröffentlichung von Hausarbeiten, Abschlussarbeiten, wissenschaftlichen Aufsätzen, Dissertationen und Fachbüchern.

Besuchen Sie uns im Internet:

http://www.grin.com/

http://www.facebook.com/grincom

http://www.twitter.com/grin_com

Sächsische Bildungsagentur Regionalstelle Leipzig
Referat 51, Lehrerausbildung
Nonnenstraße 44c

Ausführliche schriftliche Stundenvorbereitung

im Rahmen des Vorbereitungsdienstes für das

Lehramt an Mittelschulen

Kurs: 19

Name, Vorname: Linke, Thomas

Fach: Mathematik

Stundenthema: Einführung in den Lernbereich 2: Lineare Funktionen und

Gleichungssysteme (Wiederholung der direkten Proportionalität)

Unterrichtsbesuch Nr.: 1

Klasse: 8a Realschule   **Datum:** 17.10.2012

Inhaltsverzeichnis

1. Bedingungsanalyse

1.1 Organisatorische und technische Rahmenbedingungen der Ausbildungsschule

Die ███████-Schule ist eine Mittelschule der Stadt Leipzig und befindet sich im Stadtteil ████ umgeben von einem Neubaugebiet. Eine besondere Situation ergibt sich im Schuljahr 2012/2013 durch die Sanierung des Schulgebäudes und des damit verbundenen Umzuges in die ████████████Schule (████, ███ 04299 Leipzig) nach ████ Die Baumaßnahmen konzentrieren sich auf einen barrierefreien Ausbau der Sanitäranlagen und des Treppenhauses. Außerdem wird die Schule den heutigen Anforderungen gemäß modernisiert. Durch die Auslagerung ergeben sich natürlich Einschränkungen. So steht z.B. kein offizieller Werkraum zur Verfügung, da einige Sicherheitsauflagen hier nicht erfüllt werden.

An der ███████-Schule lernen momentan 315 Schülerinnen und Schüler, die von 30 Lehrerinnen und Lehrern in 15 Klassen unterrichtet werden. Das Kollegium wird zusätzlich durch zwei Schulsozialarbeiter und eine Bibliothekarin unterstützt. Im aktuellen Schuljahr wird die Klassenstufe 5 vierzügig, die Klassenstufe 6 dreizügig und übrigen Jahrgangsstufen zweizügig unterrichtet. Eine eigenständige Hauptschulklasse wurde nur in der 9. Jahrgangsstufe gebildet, ansonsten erfolgt der abschlussbezogene Unterricht ab Klasse 7 mit Hilfe einer äußeren Differenzierung in Form von Gruppenbildung in den Hauptfächern.

Seit dem Schuljahr 2007/2008 findet ausschließlich Blockunterricht statt. Daraus ergeben sich folgende Unterrichts- und Pausenzeiten:

Stunde	Beginn	Ende
1. Block	8:00 Uhr	9:30 Uhr
20 Minuten Pause	9.30 Uhr	9:50 Uhr
2. Block	9.50 Uhr	11:20 Uhr
15 Minuten Pause	11.20 Uhr	11:35 Uhr
3. Block	11:35 Uhr	13:05 Uhr
40 Minuten Pause	13:05 Uhr	13:45 Uhr
4. Block	13:45 Uhr	15:15 Uhr

Tab. 1: *Unterrichtszeiten*

3

Unsere Schule ist mit dem Qualitätssiegel Lions-Quest "Erwachsen werden" ausgezeichnet. Das Programm zielt auf die Förderung der sozialen und kommunikativen Kompetenzen von Schülerinnen und Schülern im Alter von zehn bis etwa 15 Jahren und leistet somit einen entscheidenden Beitrag zur schulischen Sucht- und Gewaltprävention sowie zur Berufsvorbereitung.

In der ███████ Schule wird in jeder Pause, bis auf die 15 Minuten Pause nach dem zweiten Block, auf den Hof gegangen. Diese Hofpausen dienen einerseits zur Nahrungsaufnahme und andererseits zum Ausleben des natürlichen Bewegungsdranges. Die dadurch erreichte geistige Erholung dient zur weiteren effektiven Arbeit in den kommenden Blockeinheiten. Nach dem dritten Block haben die Schülerinnen und Schüler die Möglichkeit, an der Schulspeisung teilzunehmen oder auf dem Freigelände Mittag zu essen. Nach dem Unterricht besteht für die Schüler die Möglichkeit, das Ganztagsangebot der ███████ Mittelschule zu nutzen, welches neben der Freizeitgestaltung auch Hausaufgabenbetreuung und individuelle Förderung umfasst.

Die geplante Unterrichtsstunde für den zweiten Unterrichtsbesuch im Fach Mathematik beginnt am Mittwoch um 9.50 Uhr. Dies ist der zweite Block für die Klasse 8a und wird im Unterrichtsraum 102 im Haus 1 durchgeführt und ist das Klassenzimmer der Klasse 6b. Es sind dennoch fast alle für den Mathematikunterricht benötigten Materialien, wie z.b. Geodreieck, Tafellineal, Zirkel und Overheadprojektor vorhanden. Spezielle Materialien, wie z.b. Lochschablone, Sinuskurve oder Hohlkörper, müssten vor Unterrichtsbeginn organisiert werden.

1.2 Analyse der Lerngruppe

Die Lerngruppe, die den Realschulabschluss anstrebt, besteht insgesamt aus 22 Schülern. Von diesen sind 10 Jungen und 12 Mädchen. Trotz der Gruppengröße treten relativ wenige Unterrichtsstörungen auf, so dass ein konzentriertes Arbeiten möglich ist. Dies mag auch daran liegen, dass die Mentorin schon eine sehr gute erzieherische Vorarbeit geleistet hat und die Schüler einen geregelten Stundenablauf kennen und gelernt haben, sich untereinander zur Ruhe zu bitten. Das Leistungsniveau in der Klasse ist sehr unterschiedlich. Zu den stärksten

Schülern der Gruppe gehören ████ ██ ████████████████████████████ Sie streben eine gute bis sehr gute Bewertung im Fach Mathematik an und zeigen ein rasches Auffassungsvermögen. Von einer Mädchengruppe, gebildet aus ████ █, die die Klasse fest im Griff zu scheinen hat, und ██████ die sich in einer starken Pubeszensphase befindet und kein rechten Gedanken an den Mathematikunterricht verschwenden möchte, geht eine gewisse Unruhe aus. Der Schüler ████████ kommentiert den Stundenverlauf gelegentlich mit unpassenden Äußerungen, schwatzt dazwischen und benötigt häufig einen extra Anschub, um mit seiner Aufgabe anzufangen. Im Mathematikunterricht ist dies zwar nicht so sehr ausgeprägt wie in anderen Fächern, aber dennoch habe ich den Eindruck, dass es ihm schwer fällt, sich auf die gestellte Aufgabe zu konzentrieren. Eine der vier schwächsten Schüler sehe ich in ████ ██████ die eine nachgewiesene Dyskalkulie hat und im Umgang mit Zahlen und Operationen große Schwierigkeiten zeigt. Zu der Gruppe der Leistungsschwachen gehören noch ██████ ████████████ Bei ihnen kann man feststellen, dass es an einer Vielzahl von grundlegenden mathematischen Fakten mangelt (Einmaleins, Addition über die Zehnerstelle hinaus, Bruchrechnung, usw.). Allerdings muss man diesen Schülerinnen ein großes Lob für ihren Ehrgeiz und ihre Mitarbeit aussprechen. Trotz der vorhandenen Probleme versuchen sie stets dem Unterricht zu folgen und freuen sich über jede Hilfe durch den Lehrkörper und von Mitschülern. ██████████ scheint zurzeit eine Außenseiterrolle innerhalb der Klasse einzunehmen, da man sie in den Pausen ganz selten mit den Mitschülern reden sieht. Ihre Leistungen ließen im Vergleich zum letzten Jahr etwas nach, sie ist noch etwas zaghaft in der Mitarbeit, hat aber oftmals gute und richtige Ideen.

Einige Schüler der Realschulgruppe weisen verschiedene Besonderheiten, wie z.B. LRS und leichte Konzentrationsschwächen auf.

Allgemein lässt sich feststellen, dass es eine willige, lernbereite Klasse ist, die zuhören kann, sich am Unterricht beteiligt und zum Großteil auch Interesse an der Mathematik zeigt

5

2. Einordnung der Stunde in den Lernbereich

2.1 Tabellarische Lernbereichsplanung

Lernbereich 2: Lineare Funktionen und Gleichungssysteme

Lernbereich 2: Lineare Funktionen und Gleichungssysteme	26 Ustd.
Übertragen der Kenntnisse über Zuordnungen auf Funktionen	↑ Kl. 6, LB 2
- Darstellen unterschiedlicher funktionaler Zusammenhänge auch unter Verwendung des Computers	↑ Kl. 7, LB 4
	⇒ informatische Bildung
- Funktion als eindeutige Zuordnung	
Kennen der Begriffe Argument und Funktionswert	
Beherrschen	$y = m \cdot x$ und $y = m \cdot x + n$
- des grafischen Darstellens linearer Funktionen unter Beachtung der Parameter m und n	
- des zeichnerischen und rechnerischen Ermittelns von Nullstellen	
Anwenden des zeichnerischen und rechnerischen Lösens linearer Gleichungssysteme auf verschiedene Sachverhalte	Tarif- und Preisvergleiche
	Gleichungssysteme mit genau einer, mit keiner Lösung sowie mit unendlich vielen Lösungen

[1] Lehrplan Mittelschule Mathematik. Dresden: Sächsisches Staatsministerium für Kultus, 2004/2009.

Entwickeln von Problemlösefähigkeiten

Die Schüler erfahren beim Lösen von Sachproblemen mit Hilfe von Gleichungen, Gleichungssystemen und Funktionen grundlegende Schritte des Modellierens:

- Modell bilden
- Operieren im mathematischen Modell
- Interpretieren der mathematischen Lösung mit Bezug auf den Sachverhalt

Sie nutzen die Problemlösestrategien Skizzieren und Zeichnen sowie tabellarisches Darstellen beim Aufstellen von Formeln und Gleichungen zu Sachproblemen. Die Schüler wenden Formeln an. Sie benutzen Hilfsmittel wie Taschenrechner, Formelsammlung und Software???? sachgerecht und erkennen deren Stellenwert für das Problemlösen.

Entwickeln eines kritischen Vernunftgebrauchs

Sie nutzen mit linearen Funktionen und Gleichungssystemen weitere mathematische Mittel, um Alternativen abzuwägen und zwischen ihnen zu entscheiden.

Entwickeln des verständigen Umgangs mit der fachgebundenen Sprache unter Bezug und Abgrenzung zur alltäglichen Sprache

Die Schüler verwenden den Fachbegriff Funktion in Abgrenzung zur Umgangssprache für die Beschreibung von Realobjekten und Sachproblemen aus dem Alltag.

Die Schüler präsentieren zunehmend selbstständig Lösungspläne und stellen Lösungswege in nachvollziehbarer Form dar.

Entwickeln des Anschauungsvermögens

Die Schüler veranschaulichen lineare Wachstumsprozesse und Lösungsmengen linearer Gleichungssysteme im Koordinatensystem oder Tabellen. Sie erfassen Strukturen von Termen, Gleichungen und Formeln.

Erwerben grundlegender Kompetenzen im Umgang mit ausgewählten mathematischen Objekten

Die Schüler können mit linearen Gleichungen, Gleichungssystemen und Funktionen umgehen und sie zum Lösen von Sachproblemen nutzen.

Thema/Inhalt	Std.	Lernzielebene	Methoden	Material, HA, Bemerkungen
Wiederholung direkte und indirekte Proportionalität • Erstellen von Wertetabellen • Bestimmen des Proportionalitätsfaktors • Graphen zeichnen und auswerten – Wiederholung Koordinatensystem • Erweiterung der Vorstellung der S., dass für m und x auch negative Werte zulässig sind	2	Übertragen	UG; SST (evtl. LaS)	Lehrbuch Overheadprojektor
Funktion als eindeutige Zuordnung • Darstellen unterschiedlicher funktionaler Zusammenhänge (auch mit Computer) • Einführung der Begriffe Argument, Funktionswert, Definitionsbereich und Wertebereich • Festigung und Anwendung der Begriffe bei verschiedenen funktionalen Zusammenhängen (Klimadiagramme; Briefporto u.ä.)	2	Übertragen Kennen	UG; SST Für Computereinsatz möglich: Tutorial; Gruppenpuzzle LV; SST	Lehrbuch Overheadprojektor Arbeitsheft evtl. Computer
Funktionen y = mx; • Erstellen von Wertetabellen • grafische Darstellung • Erkennen des Einflusses vom Anstieg auf den Verlauf des Graphen	2	Beherrschen	UG; SST	Lehrbuch Overheadprojektor Arbeitsheft
lineare Funktionen y = mx + n • Erstellen von Wertetabellen • Erarbeitung des Einflusses von m und n auf den Verlauf des Graphen • Zeichnen der Graphen zunächst über Wertetabelle, dann über Steigungsdreieck • zeichnerisches Ermitteln der Nullstellen • Berechnen der Nullstellen • Lösen praktischer Aufgaben zu linearen Funktionen	7	Beherrschen	UG; SST; Gruppenpuzzle	Lehrbuch Overheadprojektor Arbeitsheft

Thema/Inhalt	Std.	Lernzielebene	Methoden	Material, HA, Bemerkungen
Lösen linearer Gleichungssysteme • zeichnerische Lösung (auch mit Tabellenkalkulation) • rechnerische Lösung	7	Anwenden	LV; SST	Lehrbuch Overheadprojektor Arbeitsheft
Festigung; Komplexe Übungen	5		LaS • je Station 20 Minuten • insgesamt 10 Stationen plus Reservestation	Lehrbuch Overheadprojektor Arbeitsheft Stationskarten
Klassenarbeit	1			

9

2.2 Inhalt und Ablauf der vorangegangenen und folgenden Stunde

Im vorangegangenen Block am Freitag wurde der erste Lernbereich zum Thema "Lineare Gleichungen" mit einer Klassenarbeit abgeschlossen. Die Klassenarbeit soll Aufschluss über den Unterrichtserfolg, den Kenntnisstand der Klasse und jedes einzelnen Schülers geben. Die Schülerinnen und Schüler hatten insgesamt 60 Minuten Zeit, ihre Aufgaben zu bearbeiten, wobei Rückfragen nur zu Beginn beantwortet wurden. In den letzten 30 Minuten der Unterrichtseinheit wurde ein kurzer Einblick in das neue Stoffgebiet gegeben, einzelne Themen daraus vorgestellt und nach Möglichkeiten gesucht, wo man diese Probleme innerhalb unseres Alltagslebens finden könnte.

3. Fachwissenschaftliche Analyse[2]

Eine Funktion ist eine spezielle Form der Abbildung, bei der jedem Element der Urbildmenge, genau ein Element der Bildmenge zugeordnet wird. Somit ist eine Funktion eine Relation, in der jedem Element der Menge A genau ein Element der Menge B, zugeordnet ist.

$$\text{,, } f : \begin{cases} A \to B \\ x \to f(x) \end{cases}$$

$D(f) := A$ ist der **Definitionsbereich** von f.

$W(f) := \{ f(a) \mid a \in A \} \subseteq B$ ist der **Wertebereich** von f.

Funktionsgleichung: $y = f(x)$, **Funktionsterm:** $f(x)$

Graph von f: Menge der Punkte $(x, f(x))$ in der x, y - Ebene.

lineare Funktionen:

Eine Funktion f: $\mathbb{R} \to \mathbb{R}$ heißt linear, wenn sie von der Form $x \to a + bx$ mit festen reellen Zahlen a, b ist. Ist b = 0, also f(x) = a für alle x $\in \mathbb{R}$, so nennt man f eine konstante Funktion (mit Wert a). Ist auch noch a = 0, also f(x) = 0 für alle x $\in$ R, so spricht man von der Nullfunktion. Ist a = 0, also f(x) = bx für alle x $\in \mathbb{R}$, so heißt f homogen-linear oder auch proportionale Zuordnung.

---

[2] Vgl. Vorlesung Prof. Dr. G. Berger (2005): *Differential- und Integralrechnung I*

Homogen-lineare Funktionen, also proportionale Zuordnungen:

Wir betrachten Funktionen der Form f(x) = bx, wobei b eine Konstante ist. Der Graph ist jeweils eine Gerade durch den Ursprung.

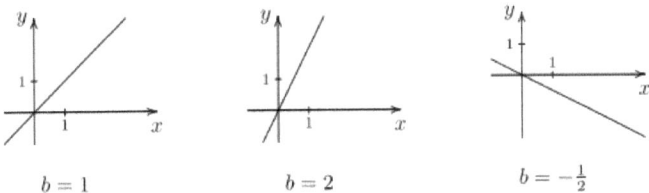

Ist f(x) = b · x eine homogen-lineare Funktion, so nennt man b den Proportionalitätsfaktor (zumindest wenn b ≠ 0), und man spricht auch von proportionaler Zuordnung.

4. Fachdidaktische Analyse

Innerhalb dieser Unterrichtseinheit sollen die Schüler Ihr Vorwissen aus dem Lernbereich 2 „Zuordnungen in der Umwelt" Klasse 6 auffrischen[3], d.h. direkte (und indirekte) Proportionalität erkennen, diese Darstellungen in Wortform, Tabellenform, im Koordinatensystem, mit Pfeildarstellung und als Gleichung erkennen und berechnen, sowie den Proportionalitätsfaktor bestimmen. Im Lernbereich 3 „Rationale Zahlen und Gleichungen" aus Klasse 7 wurde das Koordinatensystem vom ersten auf alle vier Quadranten erweitert. Die Schüler können selbstständig eine Wertetabelle erstellen und Zahlenpaare in dieses Koordinatensystem eintragen. Des Weiteren kann man für die geplante Unterrichtseinheit das Rechnen mit rationalen Zahlen und das Lösen von Gleichungen mit rationalen Zahlen voraussetzen, da im Lernbereich 1 „Lineare Gleichungen" Klasse 8 die wesentlichen Grundlagen gelegt wurden. Die Schülerinnen und Schüler kennen die direkte Proportionalität sowohl rechnerisch als auch grafisch, bisher jedoch nur im ersten Quadranten. Es muss in diesem Block daher deutlich hervorgehoben werden, dass jetzt beliebige rationale Zahlen (auch negative Zahlen) sowohl für x als auch m zugelassen werden. Beim Zeichnen von unterschiedlichen Graphen und dem Aufstellen von Wertetabellen wähle ich einfache Koeffizienten, da es mir an dieser Stelle besonders um das Entdecken von Eigenschaften und

---

[3] Lehrplan Mittelschule Mathematik. Dresden: Sächsisches Staatsministerium für Kultus, 2004/2009.

das Zeichnen des Graphen an sich geht und nicht um die Entwicklung von Rechenfertigkeiten. Die Schüler sollen nach dem Block das Verständnis haben, direkt proportionale Zuordnungen grafisch darzustellen und in einer Gleichung aufzustellen. Voraussetzung dafür ist das Anfertigen einer Wertetabelle und das richtige Eintragen der Zahlenpaare in ein Koordinatensystem.

5. Lernziele

Kognitive Ziele
Grobziele

– Übertragen der Kenntnisse über Zuordnungen auf Funktionen

Feinziele

– Schüler wissen, was wem zugeordnet wird

– Schüler können selbstständig eine Wertetabelle aufstellen
  (geordnete Paare dieser Funktion nennen)

– Schüler wissen, wie man einen dazugehörigen Graphen zeichnet

– Schüler erkennen, dass man auch negative Werte für x und m einsetzen kann

6. Methodische Überlegungen

Die Unterrichtsstunde beginnt mit der Begrüßung und einem kurzen informierenden Unterrichtseinstieg, welcher einen Überblick über die kommende Einheit liefern soll. Im ersten Teil möchte ich die mit Spannung erwartete Klassenarbeit zurückgeben, um die Aufregung der Schüler zu bremsen und die Konzentration für den folgenden Unterricht hochzuhalten. Des Weiteren stellt diese geschriebene Arbeit auch eine Belohnung für die Schülerinnen und Schüler dar, da diese mit einem Durchschnitt von 2,8 sehr gut ausgefallen ist und somit bei vielen Schülern als Erfolg zu werten ist. Es dient auch gleichzeitig zur Motivation für die kommenden Stunden, sich in das neue Thema genauso hereinzuarbeiten und evtl. genauso erfolgreich abzuschließen. Ich möchte bei der Auswertung besonders betonen, dass ich mich sehr über die Textaufgaben gefreut habe. Schüler, die hier keine

12

Gleichung aufstellen konnte, haben die Aufgabe dennoch durch Knobeln und Probieren versucht und sind teilweise auch auf die Lösung gekommen.

Es werden einzelne Probleme und Aufgaben der Klassenarbeit noch einmal aufgegriffen und Unklarheiten beseitigt. Am Ende der Auswertung steht der Eintrag ins Hausaufgabenheft für die Unterschrift zur kommenden Stunde. Danach folgt eine klare Ansage „Hausaufgabenhefte zu und Konzentration auf die tägliche Übung". Die TÜ wird als Arbeitsblatt ausgeteilt, da die letzte Aufgabe der TÜ als Stundengelenk und Überleitung für den Hauptteil genutzt wird. Während dieser Übungsphase gehe ich vereinzelt durch die Reihen, gebe kleinere Hinweise und bereite die Folien für den Hauptteil vor. Die TÜ wird in gewohnter Form verglichen, d.h. die Schüler sagen die einzelnen Ergebnisse an. Bei Schwierigkeiten wird an der Tafel die Aufgabe noch einmal erläutert. Für die Überleitung in den Hauptteil wird gefragt, was an dieser Aufgabe besonders ist und woher die Schüler so etwas kennen. Die Schüler erarbeiten nun zusammen mit dem Lehrer das Tafelbild. Das Vorgehen bei der Erstellung von Zuordnungen, einer Wertetabelle und des Graphen wird erläutert. Beim Zeichnen des Graphen wird noch einmal wiederholt, wie man geordnete Paare (Wertepaare) in ein Koordinatensystem einträgt (zuerst der x-Wert, dann der y-Wert). Im Anschluss an diese Erarbeitungsphase übernehmen die Schüler das Tafelbild und den Merksatz aus dem Lehrbuch S.44. Ich möchte an dieser Stelle schon dem folgenden Unterrichtsblock vorgreifen und eine erste Funktionsdefinition einführen. Die Schüler sollen erkennen, dass das eben Erarbeitete nichts anderes ist, als eine Funktion auf unterschiedliche Weise darzustellen.

Es folgt die Bearbeitung der Aufgabe 13 b) aus der TÜ nach dem gleichen Muster wie das Tafelbild. Jetzt sind die Schüler auf sich alleine gestellt. Es wird vorher nur besprochen, welche Einteilung der Achsen günstig ist, da $y = 25*x$. Nach dieser Übungsphase folgt eine kleine Pause, um neue Konzentration zu schaffen und kurz etwas zu trinken.

Im Anschluss wird die Aufgabe 3 auf der Folie präsentiert und im Lehrer-Schüler-Gespräch durch gelenktes Entdecken versucht zu lösen. Da wir zunächst negative Werte für y erhalten, sollte bei den Schülern die Diskussion aufkommen, dass der erste Quadrant nicht mehr ausreicht und wir unser Koordinatensystem auf die aus Klasse 7 bekannten 4 Quadranten erweitern müssen. Es wird bis dahin nur Mittwoch bis Samstag in der Wertetabelle berechnet. Die Schüler sollen nun interpretieren, für was $x = 1$ stehen könnte (Donnerstag) und auf die weiteren Tage bis Samstag schließen. Anhand der Wertetabelle wird nun der Graph vom Koordinatenursprung bis $x = 3$ gezeichnet. Im nächsten Schritt verlängere ich den Graphen in den zweiten Quadranten. Die Diskussion wird freigegeben, was das zu bedeuten haben könnte. Die Schüler sollen zu dem Schluss kommen, dass man $x = -1$ als Tag vor Mittwoch, also Dienstag, interpretieren kann und somit auch dort die Temperatur ablesen könnte. Am Ende dieser Aufgabe steht noch das Aufstellen der Gleichung $y = -1,5*x$. Die Kinder sollten nun ein Verständnis dafür bekommen haben, dass man auch negative Werte für x und m einsetzen kann.

Im letzten Übungsteil der Stunde werden mit Hilfe eines Arbeitsblattes noch einmal selbstständig Wertetabellen berechnet und die dazugehörigen Graphen gezeichnet. Die Graphen sollen alle in einem Koordinatensystem Platz finden, daher ist die erste Teilaufgabe das Vervollständigen der Wertetabelle. Danach folgt eine kurze Diskussion, welche Einteilung der Achsen günstig wäre. Das Zeichnen des Graphen wird den Schülern überlassen. Für Kinder, die eher fertig sind, ist ein Puffer angedacht.

Am Ende der Unterrichtseinheit steht noch ein Merksatz, der durch die Schüler vervollständigt werden soll. Hier wird das erste Mal direkt nach Form und Eigenschaften einer solchen Funktion ($y = m*x$) gefragt. Dieser Merksatz bildet die Überleitung zur nächsten Unterrichtseinheit und wird dort aufgegriffen, um die Funktion als eindeutige Zuordnung einzuführen.

7. Verlaufsplanung

Zeit	Inhalt/Stoff	Methodische Gestaltung
09:50	**Begrüßung, Überblick über den Unterrichtsblock**	- Lehrervortrag
09:52	**Auswertung Klassenarbeit**	- Anschreiben des Notenspiegels → Schüler rechnen Durchschnitt aus - einzelnen Aufgaben werden nochmals vorgestellt und evtl. Fragen zur Bewertung oder Lösungsfindung beantwortet
10:00	**Tägliche Übung** - siehe Anhang	- Aufgaben werden per Handzettel verteilt Serie 4 Klasse 8RS - letzte Aufgabe auf Folie (**dient der Überleitung Hauptteil**)
10:15	**Vergleich Tägliche Übung**	- Lösungen werden von Schülern genannt, Lehrer-Schüler-Gespräch - Übersicht über die Leistung: Wer hat wie viel richtig? - **tägliche Übung bietet mit der letzten Aufgabe (Zuordnung) den Übergang zum theoretischen Hauptteil der Stunde**
10:20	**Einstieg mit Tafelbild** - mit Folie und Aufgabe der täglichen Übung - Gemeinsames Erstellen der Wertetabelle, Gleichung, Proportionalitätsfaktor und graphische Darstellung	Aufgabe 1: Siehe Folie Aufgabe a) - letzte Aufgabe der tägl. Übung wird in verkürzter Form an Tafel dargestellt - Ziel: die Schüler sollen herausfinden, welche Zuordnung besteht - Koordinatensystem nur erster Quadrant, dabei Wiederholung eintragen von Zahlenpaaren - Schüler tragen Punkte auf Folie (Koordinatensystem) ein
10:30	-**Abschreiben Tafelbild und des Merksatz LB. S. 44**	
10:40	**Übungen nach diesem Prinzip:**	Aufgabe 2: Löse die Aufgabe b) der Folie in der gleichen Abfolge der Schritte! „Welche Einteilung der Achsen würdet Ihr wählen?"

15

10:50	**Kurze Pause**
10:52	**Gemeinsam Erarbeiten Aufgabe 3: Rechtfertigung des negativen x und y (Interpretation eines Graphen)**

<u>Aufgabe 3</u>: Schüler sollen im L-S-Gespräch gemeinsam Aufgabe 3 lösen
- Wertetabelle ist zum Teil vorgegeben
- Warum kann man Graphen nicht mehr im ersten Quadranten darstellen?
- Wie kann man sich helfen (Lernbereich 2 Klasse 7 rationale Zahlen)
→ Nutzen des erweiterten Koordinatensystems
→ Interpretation von $x = -1$ als Dienstag $x = -2$ Montag
→ Schlussfolgerung für $y = m \cdot x$, dass m und x negativ sein können

10:57	**Übung: Erstellen der Wertetabelle und Zeichnen des Graphen (auch für negatives x und m)**

- <u>Aufgabe 4.1</u>: Arbeitsblatt austeilen:

x	-2	-1	0	1	2	3
a) y	-6	-3	0	3	6	9
b) y	6	3	0	-3	-6	-9
c) y	2	1	0	-1	-2	-3
d) y	-1	-0.5	0	0,5	1	1,5

a) y= 3x   **b) y=- 3x**   **c) y= -x**   **d)** $y=\frac{1}{2}x$ (Schüler die schneller fertig sind)

- <u>Aufgabe 4.2</u>: Zeichne die Graphen!
- S legen Graphen auf Koordinatensystem (Folie)

11:10	**Auswertung Aufgabe**
11:14	**Vervollständigen Merksatz zu proportionale Funktionen → Abschreiben in Hefter**

- **Merke**: Eine Funktion mit der Gleichung $y = mx$ heißt proportionale Funktion. Ihr Graph ist eine Gerade durch den Koordinatenursprung

11:17	**Reflexion**

- Stundeninhalt reflektieren und Erkenntnisse festigen

11:20	**Stundenende**

8. Anhang

8.1 Literatur

Lehrplan Mitteschule Mathematik. Dresden: Säschsiches Staatsministerium für Kultus, 2004/2009.

Prof. Dr. G. Berger (2005): Differential- und Integralrechnung I

Griesel, H., Postel, H., vom Hofe, R. (2006). Mathematik heute. Lehrbuch für die Klasse 8 Realschulbildungsgang Sachsen. Braunschweig: Schroedel.

Homepage Lene-Voigt-Mittelschule Leipzig. Zugriff am 13. Oktober 2012 unter http://www.mittelschule-beierfeld.de

.

8.2 Eidesstattliche Erklärung.

Ich erkläre, dass ich die vorliegende Arbeit selbständig und nur unter Verwendung der angegebenen Literatur und Hilfsmittel verfasst habe.

Sämtliche Quellen, die anderen Werken entnommen sind, wurden unter Angabe der Quellen als Entlehnung kenntlich gemacht.

Unterschrift: _____

8.3 Tägliche Übung, Tafelbild und Folien

Tägliche Übung:

1. $2^3 + 3^3 = 35$ 2. $4^3 = 64$

3. $-7 + (-14) = -21$ 4. 15 % von 80 = 12

5. $\left(\dfrac{2}{2}\right)^2 = 1$ 6. $\dfrac{0}{8} = 0$

7. $(-431) \cdot 0 \cdot 7 = 0$

8. Wie viel Prozent sind 24 kg von 60 kg?   40%

9. Bilde das Doppelte der Differenz von 12 und 6.   2*(12 - 6) = 12

10. Ordne der Größe nach. $\dfrac{1}{3}; 1,3; -\dfrac{2}{3}; .0,6$ $-\dfrac{2}{3} < \dfrac{1}{3} < 0,6 < 1,3$

11. 1 kg Weintrauben kostet 2,80 €. Wie viel kosten 750 g?   2,10€

12. Wie groß ist der Flächeninhalt eines Quadrates mit einem Umfang von 12 cm?   9cm²

13. Herr Schulze war am Wochenende tanken, hatte aber vergessen Geld einzustecken. Lediglich 10.50€ hatte er als Kleingeld noch im Portemonnaie. Der Liter Super Plus kostete an diesem Tag 1.75€.

a) Wie viel Liter konnte Herr Schulze mit seinem Geld tanken?   6 Liter

b) Das Auto von Herrn Schulze kommt mit einem Liter 25km weit. Wie viele Kilometer kann Herr Schulze mit der Tankfüllung vom Wochenende fahren?   150km

Tafelbild:

Einführung proportionale Funktionen

Aufgabe 1. Siehe Folie Aufgabe a)

1 Liter Benzin kostet 1,75€

Zuordnung:

1 Liter Benzin ─────────> Preis (1,75€)

Wertetabelle:

x in l	0	1	2	3	4	5	6
y in €	0	1,75	3,50	5,25	7	8,75	10,50

Proportionalitätsfaktor:

x in l	0	1	2	3	4	5	6
y in €	0	1,75	3,50	5,25	7	8,75	10,50
Proportionalitätsfaktor = y/x	0	1,75	1,75	1,75	1,75	1,75	1,75

Gleichung:

y = 1,75 * x

Graph: siehe Folie

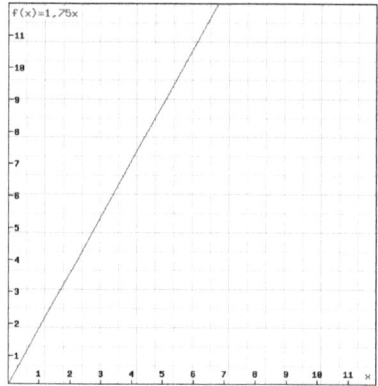

Aufgabe 2:

Löse die Aufgabe b) der Folie in der gleichen Abfolge der Schritte!

20

Aufgabe 3 gemeinsam:

Kurioser Wetterbericht

Im November 2011 kam es in Leipzig zu einem besonderen Wetterphänomen. Am Mittwoch, dem 10.11.2011, hatte man genau 0C° gemessen. Die Temperatur in dieser Woche sank von Tag zu Tag immer um genau 1,5C°.

Bestimme für Donnerstag, Freitag und Samstag die Tagestemperatur und zeichne den dazugehörigen Graphen in ein Koordinatensystem.

Vorgabe der Wertetabelle: auf Folie

Wochentag	Montag	Dienstag	Mittwoch	Donnerstag	Freitag	Samstag
Temperatur in C°	3	1,5	0	-1,5	-3	-4,5

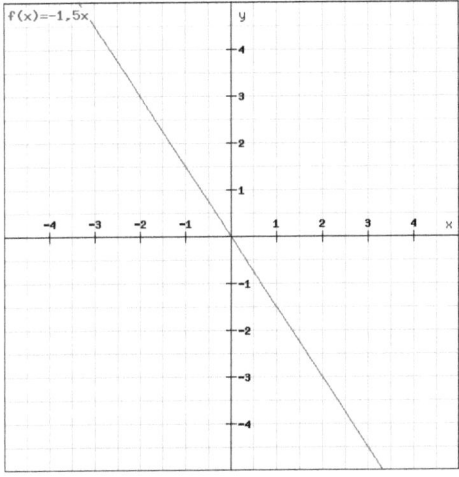

Aufgabe 4:

a) $y = 3x$ b) $y = -3x$ c) $y = -x$ d) $y = \frac{1}{2}x$ (Schüler die schneller fertig sind)

Erstelle zu den angegebenen Gleichungen eine Wertetabelle!

Form wird vorgegeben:

x	-2	-1	0	1	2	3
a) $y = 3x$	-6	-3	0	3	6	9
b) $y = -3x$	6	3	0	-3	-6	-9
c) $y = -x$	2	1	0	-1	-2	-3
d) $y = \frac{1}{2}x$	-1	-0,5	0	0,5	1	1,5

21

Zeichne die dazugehörigen Graphen in ein Koordinatensystem, was fällt dir auf?

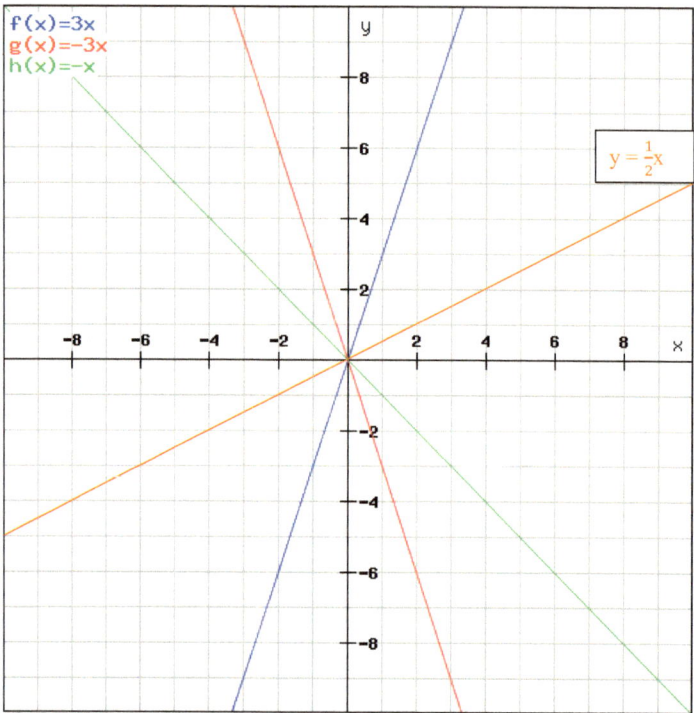

Merke: Eine Funktion mit der Gleichung y = mx heißt proportionale Funktion. Ihr Graph ist eine Gerade durch den Koordinatenursprung.

Folie 1:

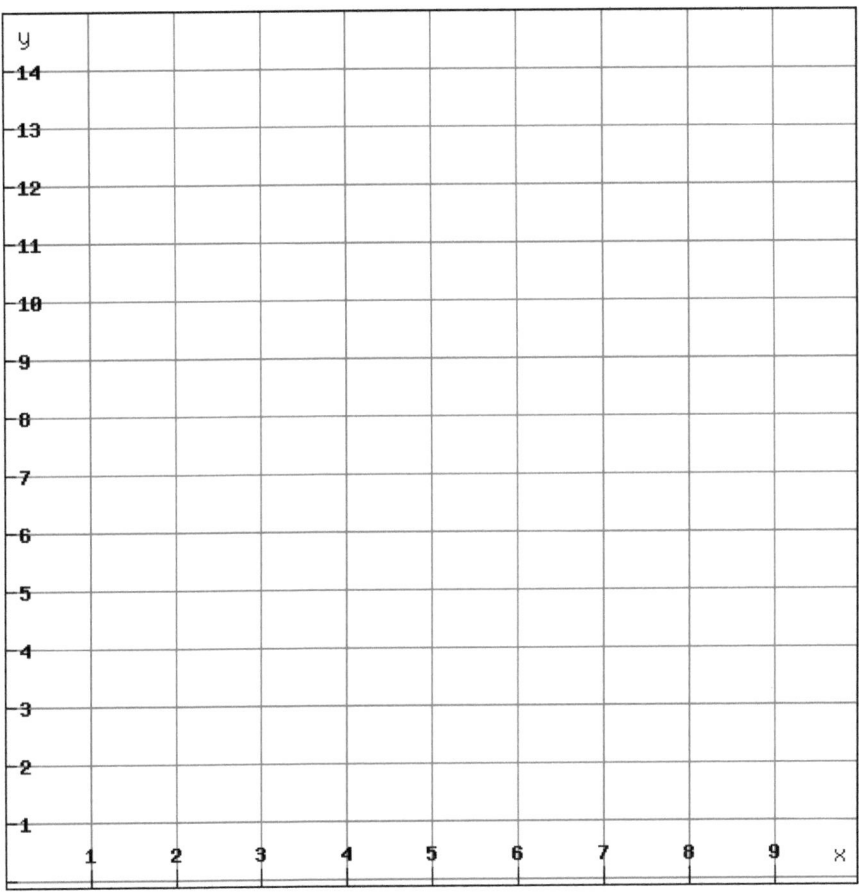

Aufgabe 2:

Löse die Aufgabe 13b) der TÜ in der gleichen Abfolge der Schritte!

b) Das Auto von Herrn Schulze kommt mit einem Liter 25km weit. Wie viele Kilometer kann Herr Schulze mit der Tankfüllung vom Wochenende fahren?

Zuordnung:

Wertetabelle:

x in Liter	0	1	2	3	4	5	6
y in km							
y/x							

Graph:

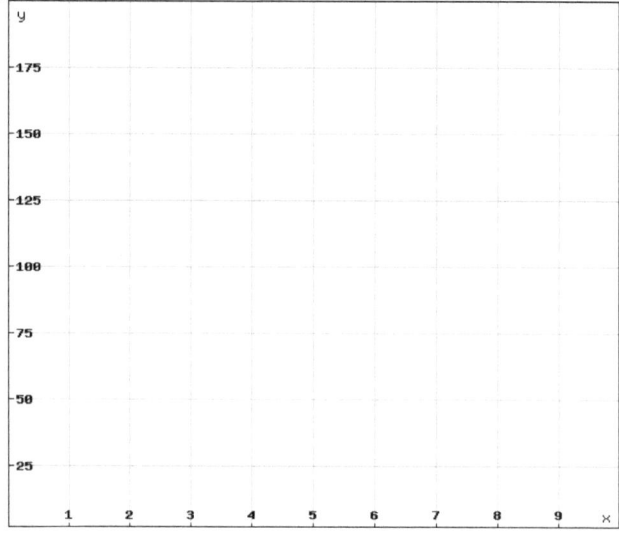

24

Kurioser Wetterbericht

Im November 2011 kam es in Leipzig zu einem besonderen Wetterphänomen. Am Mittwoch dem 10.11.2011 hatte man genau $0C°$ gemessen. Die Temperatur in dieser Woche sank von Tag zu Tag immer um genau $1,5C°$.

Bestimme für Donnerstag, Freitag und Samstag die Tagestemperatur und Zeichne den dazugehörigen Graphen in ein Koordinatensystem.

Wertetabelle:

Wochentag			Mittwoch			
Temperatur in C°			0			

Graph: Gleichung:

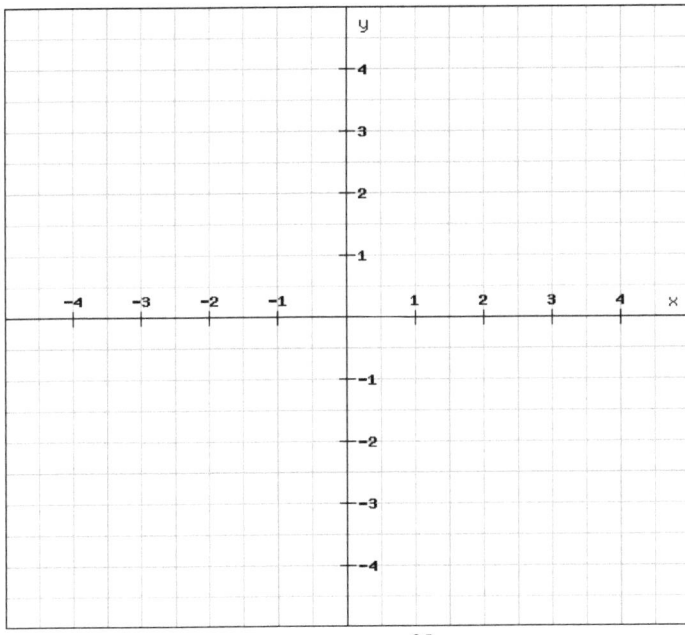

25

Aufgabe 4:

1.)Vervollständige die Wertetabelle für die Gleichungen a) b) c)!

a) $y = 3x$ b) $y = -3x$ c) $y = -x$

d) $(y = \frac{1}{2}x)$ → für die Schnellen!

Wertetabelle:

x	-2	-1	0	1	2	3
a) $y = 3x$			0			
b) $y = -3x$						
c) $y = -x$						
d) $y = \frac{1}{2}x$						

2.) Zeichne die dazugehörigen Graphen in ein Koordinatensystem in deinem Hefter!

3.) Vervollständige den Merksatz!

Eine Funktion mit der Gleichung _____ heißt

proportionale Funktion. Ihr Graph ist eine _____ durch

den _____ .

Aufgabe 4:

1.)Vervollständige die Wertetabelle für die Gleichungen a) b) c)!

a) $y = 3x$ b) $y = -3x$ c) $y = -x$

d) $(y = \frac{1}{2}x)$ → für die Schnellen!

Wertetabelle:

x	-2	-1	0	1	2	3
a) $y = 3x$			0			
b) $y = -3x$						
c) $y = -x$						
d) $y = \frac{1}{2}x$						

2.) Zeichne die dazugehörigen Graphen in ein Koordinatensystem in deinem Hefter!

3.) Vervollständige den Merksatz!

Eine Funktion mit der Gleichung _____ heißt

proportionale Funktion. Ihr Graph ist eine _____durch

den _____.

8.4 Sitzplan